ANNALES

DU

CONSERVATOIRE

IMPÉRIAL

DES ARTS ET MÉTIERS

PARIS

LIBRAIRIE POLYTECHNIQUE

DE NOBLET ET BAUDRY, ÉDITEURS,

15, RUE DES SAINTS-PÈRES,

1866

ÉTUDE SUR L'AIR ATMOSPHÉRIQUE.

CONFÉRENCE FAITE A LA SORBONNE LE 2 MARS 1866.

PAR M. EUG. PELIGOT.

Extrait des *Annales du Conservatoire impérial des Arts et Métiers.*

En prenant pour sujet de cette conférence l'étude de l'air, je ne me suis pas proposé de revenir sur des questions déjà traitées dans cette enceinte par des professeurs éminents. Je ne parlerai donc pas des propriétés physiques de l'atmosphère gazeuse qui nous environne. Je laisserai de côté sa composition chimique, l'étude des phénomènes de la vie et de la combustion vive ou lente, qui sont dus à l'un des éléments qu'il renferme. Il m'a semblé que les connaissances chimiques sont aujourd'hui assez répandues pour qu'il soit permis d'aborder devant vous un point circonscrit de la science. J'ai lu quelque part qu'un académicien du siècle dernier, chargé d'enseigner l'algèbre à l'un des enfants de France, disait à son élève, un peu découragé par les formes arides de cette étude : « Monseigneur, il n'y a pas de routes « royales pour l'algèbre. » Ces routes, bien qu'elles aient changé de nom, existent désormais pour la chimie; inaugurées à la fin du siècle dernier par Fourcroy, elles ont été continuées avec grand succès, et dans ces lieux mêmes, par Thenard, par M. Dumas et par d'autres professeurs illustres. Mais à côté de ces voies de grande communication, il y en a d'autres moins fréquentées, des chemins de traverse, si vous voulez. C'est un de ces chemins que nous prendrons aujourd'hui pour aller à la découverte de quelques points de vue, de quelques horizons nouveaux qui échappent à la foule, et qui, bien qu'un peu délaissés par l'enseignement classique de la chimie, obligé qu'il est de se concentrer sur les points les plus essentiels de la science, n'en présentent pas moins pour l'observateur attentif un très-réel intérêt.

En conséquence, laissant de côté la composition de l'air en ce qui concerne ses principaux éléments, c'est-à-dire l'azote, l'oxygène et l'acide carbonique, je me propose d'appeler votre attention sur quelques-uns des corps qu'on y trouve en petite quantité. Ces corps sont notamment l'ozone, l'iode et certaines matières minérales qu'il renferme ou qu'il peut renfermer accidentellement.

Je rappellerai néanmoins en quelques mots ses principales propriétés. L'air atmosphérique est la masse gazeuse qui enveloppe notre globe et qui l'accompagne dans sa marche régulière dans l'espace. La hauteur de cette masse gazeuse est de 50 à 60 kilomètres. Son poids est énorme : d'après Marchand il serait représenté par 5,263,623,000,000,000,000 kilogrammes; d'après MM. Dumas et Boussingault, ce poids ferait équilibre à 581,000 cubes de cuivre, chacun de ces cubes ayant un kilomètre de côté.

Ses principales propriétés physiques, notamment sa pesanteur, sont connues depuis deux siècles. La connaissance de ses principales propriétés chimiques remonte à moins d'un siècle. C'est en effet, en 1774, que Lavoisier démontra que l'air est composé de deux gaz doués de propriétés différentes, presque opposées, l'azote et l'oxygène. Cette année 1774 est une date à jamais mémorable dans l'histoire des sciences, des arts et de la civilisation. Si la composition de l'air nous était inconnue comme elle l'était à nos pères, si elle ne nous avait pas été révélée par Lavoisier, personne ne peut affirmer que les grands progrès scientifiques et industriels auxquels nous assistons, et dont nous sommes fiers à juste titre, ne seraient pas encore à réaliser.

L'air atmosphérique est presque entièrement composé d'azote et d'oxygène. Dans un mètre cube d'air ou 1,000 litres, il y a environ 792 litres d'azote et 208 litres d'oxygène. Ainsi l'oxygène entre pour un peu plus d'un cinquième dans la composition de l'air.

En outre, comme éléments essentiels et facilement appréciables, bien qu'en petite quantité, l'air contient de l'acide carbonique et de l'eau à l'état de vapeur.

Il renferme 2 à 3 dix-millièmes d'acide carbonique. Ainsi, 10,000 litres d'air contiennent 2 à 3 litres d'acide carbonique.

Quant à la vapeur d'eau, sa proportion est essentiellement variable.

De plus, l'air renferme en très-petite quantité de l'ammoniaque provenant de la décomposition incessante des êtres organisés, — de l'iode, — des carbures d'hydrogène, notamment du gaz des marais qui se dégage des eaux stagnantes et des endroits marécageux, — peut-être de l'oxyde de carbone; — en outre, des myriades de corpuscules de nature et d'origine très-diverses, invisibles dans les conditions ordinaires, mais qui se révèlent à nous quand un rayon du soleil pénètre par une fente étroite dans une chambre obscure. Ces corpuscules sont des substances minérales empruntées par le vent au sol et aux vagues de la mer; elles sont maintenues en suspension dans l'air par son mouvement incessant. Ce sont aussi des êtres organisés, au nombre desquels se trouvent ces germes des moisissures qui se développent dans les liquides fermentescibles, altérables à l'air et par l'air, germes dont l'existence, révélée par M. Pasteur, a réduit à néant l'hypothèse si longtemps controversée des générations spontanées.

En dehors de ces corps, déjà fort nombreux, il en existe certainement d'autres qui nous échappent, en raison de leur petitesse et de l'imperfection, encore très-grande, des moyens d'investigation que nous possédons en ce qui concerne l'étude des mélanges gazeux. Il ne faut pas l'oublier : de même que l'eau, en contact avec la terre, agit comme dissolvant sur tous les produits solubles qu'elle renferme, produits qui se retrouvent en si grand nombre dans l'eau des mers; de même l'air est le milieu dans lequel se réunissent toutes les substances gazeuses ou volatiles qui existent ou qui se produisent, soit dans les grands phénomènes géologiques et météorologiques, soit dans les actions qui président à la vie des êtres organisés ou qui s'accomplissent après leur mort. A ces substances viennent s'ajouter celles qui résultent des actions chimiques mises en jeu dans les opérations métallurgiques qui ont pour objet la séparation des métaux de leurs minerais, et dans la fabrication de différents produits industriels. Ainsi la production du coke, le grillage des minerais sulfurés, la fabrication du sulfate de

soude, jettent dans l'atmosphère des quantités considérables
d'oxyde de carbone, de carbures d'hydrogène, d'ammoniaque,
d'acide sulfhydrique, d'acide sulfureux, d'acide chlorhydrique.
Mais ces causes d'altération se trouvent habituellement con-
centrées dans un rayon·assez restreint autour de leurs lieux
de production. Ces corps n'existent dans l'air qu'accidentellement: ils se trouvent bientôt anéantis, tant par l'action dissol-
vante des eaux pluviales, qu'en raison de cette circonstance,
que beaucoup de substances gazeuses ne peuvent pas se rencontrer sans que leur mélange donne immédiatement naissance
à des combinaisons ordinairement solides et solubles dans l'eau.
Ainsi l'acide sulfureux est incompatible avec l'acide sulfhydrique; l'acide chlorhydrique ne peut coexister avec l'ammoniaque, etc.

Aussi, en tenant compte de l'action de l'eau qui balaye l'atmosphère, qui la débarrasse *de ses immondices*, et en même temps
de cette incompatibilité des gaz; en se souvenant surtout de
cette admirable harmonie naturelle qui rend le règne végétal
solidaire du règne animal, les végétaux s'appropriant, par l'en-
tremise de l'air, l'acide carbonique et l'ammoniaque qui résultent
de la respiration des animaux ou de leur décomposition après la
mort, on arrive à cette conclusion que l'air, pris dans son en-
semble, doit se maintenir toujours le même, sous le rapport de
sa composition et de ses propriétés, bien que sur certains points
cette composition puisse présenter des variations légères, variations plus ou moins appréciables par nos procédés actuels d'investigation.

Ozone. — Au nombre de ces variations, il en est une sur
laquelle j'appellerai d'abord toute votre attention. C'est la modification particulière que subit l'oxygène, l'élément le plus essentiel,
l'élément *vital* de l'air, dans des circonstances particulières,
encore assez mystérieuses et mal définies.

Un chimiste de Bâle, M. Schoenbein, a annoncé, il y a vingt-
cinq ans, que l'oxygène qui se dégage au pôle positif de la pile
dans la décomposition de l'eau par un courant voltaïque, possède des propriétés différentes de celles de l'oxygène obtenu par
d'autres procédés, notamment par la décomposition de l'oxyde
rouge de mercure au moyen de la chaleur : on sait que c'est par

ce procédé que Lavoisier a séparé à l'état de pureté l'oxygène de l'air atmosphérique.

L'annonce de ce résultat ne fut pas accueillie d'abord sans quelque hésitation. L'auteur de cette découverte crut lui-même d'abord à l'existence d'un composé nouveau plutôt qu'à une modification subie par l'oxygène. Il revint plus tard sur cette opinion, et de nombreux travaux ont établi que l'oxygène peut offrir, selon le mode qu'on a suivi pour l'obtenir, une modification profonde tant dans ses propriétés physiques que dans ses propriétés chimiques. Ce fait de l'existence pour le même corps de propriétés différentes avait déjà été constaté pour plusieurs autres corps élémentaires.

A leur tête vient se placer, par droit d'ancienneté, le carbone. A l'état amorphe, le carbone est du charbon, ou du noir de fumée. Le charbon est une substance noire, opaque, friable; c'est l'un des corps les plus utiles et les plus communs; à l'état cristallisé, le carbone devient le diamant, l'une des substances les plus rares, et je dirai peut-être les moins utiles, si je ne risquais d'être entendu ici par beaucoup de dames.

Le soufre, dans son état ordinaire, est jaune et friable. Chauffé à une température un peu élevée et refroidi brusquement, il est brun et il est devenu plastique. Selon son mode de préparation, il est tantôt soluble, tantôt insoluble dans divers liquides, notamment dans le sulfure de carbone.

Le phosphore ordinaire est un corps très-combustible, très-inflammable, fusible à une température peu élevée. Maintenu longtemps à la température de 250 à 300°, il perd sa fusibilité; de transparent et incolore qu'il était, il devient rouge et opaque. Il est devenu beaucoup moins combustible. C'est le phosphore rouge, le phosphore amorphe, découvert il y a vingt ans, par M. Schroetter, de Vienne.

Le soufre ordinaire et le soufre mou sont un seul et même corps; il en est de même du phosphore transparent et du phosphore rouge. Le même agent, la chaleur, permet d'obtenir à volonté ces corps sous l'une ou l'autre de ces modifications. Il n'en est pas tout à fait de même, à la vérité, du carbone, que nous ne savons pas encore faire passer de l'état de charbon noir à l'état de diamant; mais ce n'est peut-être qu'une affaire de temps; car déjà avec du diamant nous pouvons faire du charbon

noir. M. Jacquelain a montré, en effet, qu'en soumettant le
diamant à la température excessivement élevée que l'arc voltaïque produit entre deux cônes de charbon, on le transforme en une matière noire, boursoufflée, identique avec le
coke. Ainsi, pour le carbone lui-même, la moitié du chemin
est déjà faite ; l'autre moitié, c'est-à-dire la transmutation du
charbon en diamant, sera peut-être parcourue par nos suc-
cesseurs.

Ainsi chacun de ces corps peut se présenter à nous sous une
forme différente, avec des propriétés différentes, tout en restant
un seul et même corps, donnant naissance, en s'unissant à
d'autres corps, à des composés identiques.

L'oxygène présente les mêmes caractères : obtenu par le procédé que je viens de rappeler, ou bien par d'autres méthodes
qui consistent à soumettre à une température plus ou moins
élevée les substances oxygénées qui peuvent fournir ce gaz, tels
que le bioxyde de manganèse et le chlorate de potasse, c'est un
gaz sans odeur ; l'oxygène provenant de la décomposition de
l'eau froide par la pile est odorant, d'une odeur alliacée ; de là
le nom d'*ozone* qu'on lui a donné.

On l'appelle aussi *oxygène électrisé*, car il se produit surtout
sous l'influence de l'électricité. Déjà en 1789, Van Marum, en
faisant éclater des étincelles électriques dans des tubes renfermant de l'oxygène, avait constaté la production de cette même
odeur alliacée que l'air lui-même présente quelquefois lorsqu'il
est traversé par la foudre. Mais l'observation de Van Marum
avait été entièrement oubliée jusqu'en 1840, époque à laquelle
M. Schoenbein fit connaître ses remarquables expériences sur la
production de ce corps.

Bien que l'ozone n'ait pas été obtenu jusqu'ici à l'état de pureté,
bien que l'oxygène ordinaire ou l'air qui en renferme n'en con-
tienne pas, au plus, au delà de 1 à 2 p. 100, sa présence se re-
connaît facilement par suite de l'extrême activité chimique dont
il est doué. A la température ordinaire, il oxyde le mercure,
l'antimoine et même l'argent. Il détruit les composés hydro-
génés gazeux, notamment l'ammoniaque qu'il transforme en
azotate d'ammoniaque. En présence des alcalis, il se combine
avec l'azote atmosphérique et donne naissance à des azotates. Ce
fait donne peut-être la clef des phénomènes qui engendrent le

nître dans la nature, phénomènes encore obscurs quoique bien souvent étudiés.

Comme le chlore, l'ozone détruit les matières colorantes végétales. D'après des expériences faites par un botaniste éminent, M. Duchartre, sur la production du lilas blanc dans les serres pendant l'hiver, production qui donne lieu à Paris à un commerce considérable, c'est peut-être à l'existence de l'ozone dans les serres que les touffes de lilas appartenant aux variétés colorées, telles que le lilas de Marly, doivent la propriété de fournir des fleurs blanches quand on les soumet à une culture forcée. L'absence de la lumière ne suffit pas, en effet, pour expliquer cette modification de couleur, pas plus que l'élévation de la température de la serre. Une touffe de lilas, dont une partie végète à l'air et l'autre dans la serre, donne des fleurs blanches dans la serre et des fleurs lilas dans la partie exposée à l'air libre.

L'ozone agit aussi à la manière du chlore sur l'iodure de potassium ; il met l'iode en liberté en se combinant avec le potassium. L'oxygène ordinaire est sans action sur ce composé.

Il prend naissance dans des conditions assez nombreuses :

1° Par l'action prolongée des étincelles électriques sur l'oxygène, ce gaz n'éprouve qu'une transformation partielle ; mais si l'on prend soin de l'absorber par l'iodure de potassium au fur et à mesure de sa production, ainsi que l'ont fait MM. Fremy et Becquerel, la transformation de l'oxygène en ozone est complète ;

2° En électrolysant l'eau froide légèrement acidulée ;

3° En décomposant à froid le bioxyde de baryum par l'acide sulfurique concentré (procédé de M. Houzeau) ou le permanganate de potasse par le même acide ;

4° Par l'oxydation lente et partielle d'un grand nombre de corps. La substance qui donne les meilleurs résultats est le phosphore ordinaire mis en contact avec l'air humide ; au bout de quelques minutes, la présence de l'ozone est rendue manifeste par la coloration en bleu du papier ozonométrique de Schoenbein. D'après ce chimiste, dans ces oxydations, il se produit aussi une petite quantité d'eau oxygénée, composé fort remarquable découvert en 1818 par notre vénéré maître M. Thenard. Comme l'eau oxygénée se décompose elle-même avec une extrême facilité sous l'influence des substances les plus diverses, il existe une très-grande ressemblance entre les phénomènes produits par ces deux corps; cette ressemblance est telle qu'il est toujours difficile de distinguer la production de l'ozone d'avec celle de l'eau oxygénée; la même confusion se présente en ce qui concerne leur action sur les corps. Il existe évidemment entre l'ozone et l'eau oxygénée une parenté très-étroite. On peut même, d'après M. Schoenbein, considérer l'eau oxygénée comme renfermant l'oxygène sous deux états : à l'état d'oxygène ordinaire, il est combiné avec une molécule d'hydrogène pour constituer l'eau, le protoxyde d'hydrogène, corps très-stable; l'autre molécule d'oxygène, unie à l'eau par une affinité très-faible, toujours prête à se séparer de ce corps, serait à l'état d'ozone.

Plusieurs des circonstances dans lesquelles l'ozone prend naissance ont conduit à admettre que ce corps peut exister dans l'air, sinon d'une façon permanente, au moins dans des conditions accidentelles. Ainsi, lorsque l'air est fortement chargé d'électricité, lorsqu'il est sillonné par des éclairs nombreux, une faible quantité de son oxygène serait transformée en ozone. Les parties vertes des plantes sous l'influence de la lumière solaire fourniraient de l'oxygène ozoné. Dans les oxydations lentes, si fréquentes à la surface de la terre, une petite quantité de ce corps peut aussi se développer.

M. Schoenbein a cherché à mesurer l'ozone atmosphérique en exposant au contact de l'air un papier dit *ozonométrique*, qui, par sa coloration bleue plus ou moins intense, permet d'apprécier comparativement la présence ou l'absence de l'oxygène ainsi modifié. L'emploi de ce papier repose sur la propriété que possède l'ozone de décomposer l'iodure de potassium : l'iode, qui devient libre, forme avec l'amidon une belle matière colorante bleue. On le prépare en trempant pendant douze heures du papier à lettre déjà collé à l'amidon dans une faible dissolution d'iodure de potassium, contenant 1 partie d'iodure dissoute dans 100 parties d'eau. Ce papier, séché et découpé en petites bandes, est le papier ozonométrique de Schoenbein. Il reste incolore dans l'air ordinaire; il bleuit dans l'air plus ou moins chargé d'ozone.

La nuance qu'il présente après une exposition à l'air plus ou moins prolongée est comparée à la coloration de bandelettes de papier teintes d'une manière permanente, à nuances dégradées.

numérotées de 0 à 10 : la bande n° 0 est incolore ; la bande n° 10 est la plus foncée. Mais, il faut le reconnaître, bien que des observations nombreuses aient été faites avec ce papier, les indications qu'il fournit sont considérées par beaucoup de chimistes comme fort incertaines. Beaucoup de corps partagent avec l'ozone la propriété de le bleuir. Tels sont les composés nitreux, les acides, l'eau oxygénée, le chlore, le brome, l'iode, les vapeurs d'huiles essentielles, notamment l'essence de térébenthine (M. Cloez). Or, plusieurs de ces corps peuvent exister accidentellement dans l'air et fournir au papier Schoenbein les mêmes indications que l'ozone.

Aussi M. Houzeau, auquel on doit des observations fort intéressantes sur la production de l'ozone, fait-il usage d'un papier d'une autre nature. C'est un papier de tournesol rouge vineux, dont la moitié a été trempée dans une dissolution neutre et étendue d'iodure de potassium. Sous l'influence de l'ozone, la partie iodurée, devenant alcaline par suite de la mise en liberté et de la volatilité de l'iode, prend une teinte bleue. La partie non iodurée, conservant sa couleur normale, prouve à l'observateur que la coloration que présente l'autre partie n'est pas due à l'intervention de vapeurs acides ou ammoniacales qui peuvent également se rencontrer dans l'air.

Le même résultat s'obtient, en ce qui concerne la constatation de l'ozone, en plaçant à coté du papier blanc de Schoenbein un papier de tournesol bleu qui rougirait sous l'influence des vapeurs acides. Comme dans la plupart des cas ce dernier papier reste bleu, on peut admettre, dans mon opinion, que les indications fournies par le papier ioduré sont suffisantes pour constater la présence de l'ozone dans l'air. Il paraît, en outre, établi que les divers corps qui se trouvent dans l'air sont en quantité trop minime pour exercer sur le papier ozonométrique, déjà assez peu sensible par lui-même, une action appréciable. On s'efforce, d'ailleurs, de toutes parts, d'apporter des perfectionnements à la constatation de l'ozone atmosphérique, l'un des phénomènes les plus intéressants, les plus actuels de la météorologie. Ainsi, tout récemment, un observateur de la Havane, M. André Poëy, a construit un ozonographe destiné à enregistrer automatiquement, de demi-heure en demi-heure, l'ozone atmosphérique.

Au point de vue de la météorologie, de très-nombreuses observations ont déjà été faites et se font actuellement dans un grand nombre de localités ; bien qu'il soit difficile de tirer de ces observations des déductions bien nettes, bien qu'elles soient souvent contradictoires, on ne saurait trop encourager ceux qui se livrent avec persévérance à cette étude difficile et laborieuse.

L'un des faits néanmoins qui me semble ressortir de ces observations, c'est que la production de l'ozone est un phénomène atmosphérique beaucoup plus qu'un phénomène résultant des actions qui se produisent au sein ou à la surface de la terre. Ainsi, bien que les observations persévérantes faites à Rouen par M. Houzeau aient établi que la manifestation de l'ozone a lieu particulièrement au printemps et pendant l'été, tandis que ce corps n'existe dans l'air que rarement pendant l'hiver et pendant l'automne, il ne paraît pas qu'on doive attribuer au développement des végétaux une part bien grande dans la manifestation de ce phénomène. Il semble probable, au contraire, que les vents qui viennent de la mer sont ceux qui nous apportent la plus grande quantité d'air ozonisé. Sous l'influence des bourrasques, des tempêtes, des ouragans, de l'évaporation et du transport de l'eau et des actions électriques qui accompagnent ces phénomènes au sein des mers, l'ozone se développe, et ce corps nous arrive avec les vents qui soufflent sur nos côtes. Ainsi, de nombreuses observations faites dans ces derniers temps, à la demande de M. Le Verrier, ont nettement constaté que pour nous l'ozone existe surtout dans l'air lorsque les vents viennent de l'ouest et du sud-ouest.

La présence de l'ozone dans l'air peut-elle exercer une influence quelconque sur la santé publique? Cette question importante a donné lieu à bien des opinions contradictoires.

M. Schoenbein a émis le premier l'opinon que l'oxygène sous cette forme est un agent destructeur des gaz méphitiques, des miasmes qui existent dans divers pays, soit normalement, soit, en temps d'épidémie, d'une façon accidentelle. Ces miasmes, transportés par l'air ou dégagés par la putréfaction des matières végétales et animales, sont transformés par l'ozone, qui les brûle, en matières inertes, sans action nuisible sur notre économie; de sorte que l'ozone serait comme un correctif versé dans l'air par la Providence pour le purifier ou pour le maintenir dans un état convenable de salubrité.

Schroeder a trouvé que la putréfaction des matières animales n'a pas lieu dans l'air ozonisé; un œuf conservé dans cet air pendant trente-huit jours n'avait subi aucune altération. Un trois-millionième d'ozone dans l'air suffirait pour en assurer la salubrité au point de vue de la destruction des miasmes. La proportion qu'on en trouve dans l'air peut varier de 1 à 10 cent-millièmes.

Cette action dépurative n'est pas, d'ailleurs, en contradiction avec cette autre observation, que l'ozone, mêlé à l'air en proportion exceptionnelle, peut exercer sur nos organes respiratoires une action délétère marquée, ainsi que l'ont observé, en 1847, les professeurs de médecine de Bâle. Ce serait même, selon un médecin de Bombay dont je parlerai tout à l'heure, à sa concentration dans l'atmosphère, dans des circonstances particulières, qu'il faudrait attribuer, en partie, les effets si terribles produits par le simoun dans les déserts de l'Afrique.

Cette action de l'ozone, bienfaisante selon les uns, nuisible ou nulle selon les autres, nous conduit naturellement à l'examen de cette question : Existe-t-il une certaine relation entre l'existence de l'ozone dans l'air et le développement des maladies épidémiques, notamment du choléra?

Je n'étonnerai personne en disant que sur cette question (comme sur plusieurs autres) nos médecins ne sont pas d'accord. Néanmoins, si les observations nombreuses et patientes faites à Versailles, depuis plus de dix ans, par M. Bérigny, ne donnent encore aucune indication bien précise à cet égard, M. Bockel a tiré de ses expériences, faites à Strasbourg, en 1854 et 1855, cette conclusion, qu'il existait une relation intime entre le développement du choléra et la diminution ou l'absence de l'ozone dans l'air : l'ozone avait disparu au commencement de l'épidémie; il avait reparu quand le choléra disparaissait à son tour.

Le travail le plus considérable, j'ajouterai le plus autorisé qui ait été fait sur cette importante question, est un travail tout récent qui nous arrive de l'Inde. Il est dû à un médecin de Bombay, le docteur Cook. C'est une relation de l'enregistrement de l'ozone dans la présidence de Bombay, pendant les années

1863 et 1864, expériences faites en exécution des ordres de l'inspecteur général du service de santé de cette présidence. Ces observations ont été faites simultanément, pendant toute l'année, le jour et la nuit, dans seize stations qui sont les divers hôpitaux civils et militaires du pays.

Vous le voyez, on ne peut pas dire cette fois :

> C'est du Nord aujourd'hui que nous vient la lumière.

Le travail du docteur Cook présente une importance qui n'échappera à personne, en raison des conditions dans lesquelles il a été exécuté. Si l'Inde n'est pas, comme beaucoup le pensent, la mère-patrie du choléra, il est certain que cette maladie y exerce ses ravages d'une façon presque continue. D'une autre part, l'élévation de la température, l'état habituellement électrique de l'air et d'autres circonstances, y rendent la présence de l'ozone plus fréquente et sa constatation plus facile qu'ailleurs.

Le docteur Cook[1] tire des résultats numériques très-nombreux qu'il a enregistrés cette conclusion, qu'il existe une connexité évidente entre l'absence ou la décroissance de l'ozone dans l'air et la présence du choléra ; il en est de même pour la dyssenterie et les fièvres intermittentes. Quand l'ozone existe dans l'air en proportion relativement grande, ces maladies disparaissent ; quand il diminue, elles font de nouvelles victimes.

Ainsi, vous le voyez, cette question de l'ozone n'est pas une petite question ; de Versailles à Bombay, elle a donné déjà lieu à bien des recherches. C'est donc avec raison que l'illustre directeur de l'observatoire de Paris l'a rangée au nombre des questions importantes dont la météorologie ait à s'occuper désormais.

Iode. — J'arrive à un autre corps dont la présence dans l'air a aussi donné lieu à de nombreux travaux contradictoires. L'air atmosphérique renfermerait une très-petite quantité d'iode. Ce résultat, annoncé par M. Chatin en 1850, a été accueilli, par la plupart des chimistes, avec une certaine incrédulité. Aujourd'hui même, cette impression existe encore, à tel point que, tout

---

1. Un extrait étendu du rapport très-intéressant du docteur Cook, rapport inédit en France, est publié dans ce numéro des *Annales du Conservatoire.*

récemment, M. Chatin a demandé à l'Académie des sciences la nomination d'une commission qui serait chargée de vérifier les faits qu'il a avancés.

Avant d'exposer les méthodes qu'on emploie pour déceler la présence de ce corps, il me paraît indispensable de faire connaissance avec lui et d'indiquer ses principales propriétés.

C'est en 1813 que l'iode a été découvert par un salpêtrier de Paris, Courtois. Peu de temps après, Gay-Lussac, auquel Courtois avait remis une certaine quantité de la nouvelle substance, en fit une étude tellement complète, tellement magistrale, qu'il laissa bien peu de chose à faire à ceux qui s'en occupèrent après lui.

L'iode forme, avec le fluor, le chlore et le brome dont la découverte fut faite dix ans plus tard par M. Balard, une sorte de famille naturelle, dans laquelle l'iode occupe le dernier rang sous le rapport de ses affinités générales.

Les propriétés de ce corps sont fort intéressantes. D'une couleur gris d'acier, il émet, à la température ordinaire, des vapeurs que leur couleur violette permet de reconnaître aisément. Fusible à 107 degrés, il entre en ébullition à 180 degrés, en se transformant en un gaz très-dense, d'une magnifique couleur violette. De là, le nom que Gay-Lussac lui a donné. Il fournit, en s'unissant à l'argent, un composé très-impressionnable à la lumière, dont la photographie tire le plus grand parti; employé à faibles doses, sous des formes très-diverses, il constitue un médicament fort précieux. Avant que ce corps ait été découvert, les cendres provenant de la calcination des éponges, cendres qui renferment de l'iode, étaient déjà employées pour le traitement du goître. L'huile de foie de morue, médicament si usité aujourd'hui, doit, en grande partie, son efficacité à l'iode qu'elle renferme.

La source principale de l'iode est l'eau des mers, qui n'en contient pourtant qu'une faible quantité, environ 6 milligrammes par litre, soit 6 parties d'iode dans 1,000,000 parties d'eau. Ce corps s'y rencontre, à l'état d'iodure alcalin. Certaines plantes qui se développent dans la mer, notamment les varechs, les diverses variétés de fucus que les vagues rejettent sur le rivage à certaines époques de l'année, ont la faculté de s'assimiler ce corps en proportion notable, de telle sorte que, par leur incinération, on obtient une cendre dite *soude de varech*, qui contient 5 à 6 p. 100 d'iodures alcalins, et dont l'eau-mère, qui reste après la séparation des autres sels, est employée pour l'extraction de l'iode.

Bien qu'on eût déjà constaté la présence de l'iode dans un certain nombre de matières minérales, dans les poissons de mer et dans d'autres produits marins, on considérait, il y a quinze ans, ce corps comme étant assez peu commun, lorsqu'en 1850 M. Chatin annonça que l'iode existait dans tous les végétaux aquatiques. En poursuivant ses recherches, il en constata la présence dans les eaux douces et dans les animaux qui vivent dans ces eaux, tels que les moules, les sangsues, les écrevisses, les grenouilles, les différents poissons ; il n'est pas jusqu'aux goujons de la Seine qui n'en renferment une petite quantité. Il en est de même du sol et aussi des plantes qui se développent sous l'influence de ces eaux.

Comme conséquence de ces faits, M. Chatin a été conduit à rechercher l'iode dans l'eau pluviale; il a constaté que cette eau en renfermait. Enfin, il a cherché ce corps dans l'air atmosphérique, et il l'y a trouvé.

Ainsi l'iode, considéré d'abord comme un des corps les plus rares, se trouve être aujourd'hui l'un des corps les plus répandus, tant dans la nature organique que dans le règne minéral. Si toutes les observations de M. Chatin sont exactes, et, bien que d'abord contredites, elles sont aujourd'hui confirmées pour la plupart, il serait plus difficile de rencontrer des corps dépourvus d'iode que des corps qui en contiennent.

A la vérité, la quantité d'iode qu'on trouve dans l'air est extrêmement petite; en outre, l'air n'en renferme pas toujours et partout. Ainsi, 4000 litres d'air de Paris contiendraient en moyenne environ $\frac{1}{200}$ de milligramme d'iode. Comme ce corps (qu'il soit dans l'air à l'état libre ou à l'état combiné, ce qu'on ne sait pas encore) est soluble dans l'eau, on le retrouve en plus notable quantité dans l'eau pluviale, ou dans les poussières organiques qu'elle entraîne avec elle; 10 litres de cette eau en contiendraient de $\frac{1}{10}$ à $\frac{1}{5}$ de milligramme.

Quelle est l'origine de l'iode dans l'air? On ne paraît pas, jusqu'à présent, s'être beaucoup préoccupé de cette question. Il me semble probable que son origine doit se trouver aussi dans l'eau des mers, dans les produits de son transport, dans ces produits qu'Arago appelle quelque part les *poussières de l'Océan*. Au nombre des matières entraînées mécaniquement par les vents, doit se trouver une très-petite quantité d'iodures qui peuvent exister en suspension dans l'air, et qui, même sous diverses influences, notamment sous l'influence de l'ozone, peuvent donner naissance soit à de l'iode libre, soit à de l'iode uni à des matières organiques. S'il en est ainsi, on peut expliquer la présence de l'iode dans les localités découvertes ou voisines des côtes, à l'exclusion de celles qui en sont éloignées ou qui sont abritées par des montagnes, comme sont les vallées des Alpes et des Pyrénées.

Mais par quels moyens arrive-t-on à reconnaître de si petites quantités d'iode? C'est à l'aide de réactions d'une excessive sensibilité que je vais vous indiquer en quelques mots.

Nous avons vu que l'iode, à l'état libre, possède la propriété de fournir, avec l'amidon, une belle matière colorée bleu indigo. A l'état d'iodure, il est sans action sur ce même corps, mais la couleur apparaît aussitôt qu'il est mis en liberté par l'intervention d'un autre corps, tel que le chlore, l'acide azoteux, etc.

Cette réaction, employée par des mains exercées, permet de constater sûrement la présence de quantités d'iode excessivement petites. Mais l'écueil est dans sa sensibilité même. On peut se demander si, en raison même de l'extrême diffusion de l'iode, les réactifs mêmes qu'on emploie n'apportent pas avec eux l'iode dont on cherche à constater la présence. Les acides, les alcalis, les métaux, presque tous les agents chimiques contiennent de l'iode. Est-on bien sûr de les purifier suffisamment pour qu'ils n'en renferment plus la moindre trace lorsqu'on les emploie pour rechercher la présence de ce corps? Cet iode, qui viendrait de l'eau ou de l'air, ne vient-il pas tout simplement des réactifs?

La question en est à ce point. Pour beaucoup de chimistes, elle est encore douteuse. S'il m'est permis d'émettre ici une opinion toute personnelle, je dirai que, pour moi, l'existence de l'iode dans l'air est un fait sinon certain, au moins extrêmement probable. M. Bouis, auquel on doit de très-bons travaux sur l'analyse des eaux, a constaté souvent, dans l'eau pluviale, la présence de l'iode. Tout récemment, j'ai fait avec lui la même constatation. 4 litres d'eau pluviale ont été évaporés à siccité, après addition de 4 décigrammes de carbonate de potasse pur. Le résidu, légèrement calciné pour carboniser les matières organiques que l'eau de pluie renferme habituellement, a été repris par l'alcool. La dissolution alcoolique a été évaporée à son tour. Le nouveau résidu, mis en contact avec quelques gouttes d'une dissolution d'amidon et d'une goutte d'acide azotique, a donné, de la façon la plus manifeste, la coloration bleue due à la formation de l'iodure d'amidon. *Or il est évident que si l'eau de la pluie contient de l'iode, l'air atmosphérique en renferme également.*

Si petites que soient, d'ailleurs, ces quantités, on ne peut nier, si elles existent, qu'elles ne puissent exercer sur la santé publique une influence marquée. Les travaux de M. Chatin, et ceux de plusieurs autres savants, tendent à établir que le goître, pour la guérison duquel l'iode est un médicament très-efficace, et le crétinisme, qui sont des affections endémiques, se rattachent, comme fait général, à la quantité d'iode plus ou moins grande qui existerait dans l'air, dans les eaux, et, par suite, dans le sol et dans les aliments qu'il nous fournit. M. Chatin a reconnu que, sur les sommets et dans les vallées des Alpes, l'air et les eaux sont très-pauvres en iode; le goître et le crétinisme y sont très-communs. Ces affections disparaissent ou sont moins fréquentes à une certaine distance des grands massifs montagneux; l'air et l'eau y contiennent de l'iode. Ainsi, d'après une classification géographique essayée par M. Chatin, l'iode serait à son maximum à Paris, à Orléans, à Londres; sa consommation, par individu, serait de $\frac{1}{50}$ de milligramme par vingt-quatre heures, sous forme d'air, d'eau, d'aliments; dans ces conditions le goître serait à peu près inconnu. Cette maladie est extrêmement commune, au contraire, dans certaines parties des Alpes, dans lesquelles la consommation de l'iode ne serait plus que de $\frac{1}{500}$ de milligramme. Si ces conjectures sont vérifiées, l'échange des produits des diverses contrées et l'emploi du sel marin légèrement ioduré amèneraient, plus ou moins rapidement, la disparition complète de ces maladies.

L'influence de la mer sur la composition de l'air atmosphérique se fait également sentir lorsqu'il s'agit de déterminer la

nature et la proportion des matières qui se trouvent dans l'eau
de la pluie. Chaque kilogramme d'eau de mer pulvérisée par le
vent et évaporée dans l'air y laisse 30 à 40 grammes de matières
salines de nature très-complexe, lesquelles peuvent être trans-
portées à de grandes distances, bien qu'elles soient plus abon-
dantes dans l'air qui avoisine les côtes. Ces matières, de même
que celles qui résultent de l'altération des produits organiques
au sein de la terre, se retrouvent dans l'eau pluviale. Celle-ci
renferme, en effet, une petite quantité de matières salines, notamment de l'azotate d'ammoniaque, élément très-fertilisant, de
l'ammoniaque à l'état de carbonate, du sel marin, des sulfates
de soude, de potasse, de magnésie et de chaux, de l'iode, etc.,
et diverses matières organiques encore peu étudiées.

Bien que la somme de ces sels ne représente à Paris que
quelques milligrammes par litre d'eau, la quantité d'eau qui
tombe sur le sol est suffisante pour y apporter ces matières
en assez forte proportion pour exercer sur la végétation un
effet utile bien marqué. On se rend compte ainsi de l'améliora-
tion que la jachère apporte à la terre. En mesurant et en analy-
sant l'eau tombée pendant le deuxième semestre de l'année 1851
sur la plate-forme de l'Observatoire de Paris, M. Barral a constaté qu'une surface d'un hectare, à Paris, peut recevoir dans
l'année, par le fait seul de la pluie, 132 kilogrammes de matières
fertilisantes.

Ces quantités d'ailleurs sont extrêmement variables selon la
position géographique des lieux, la direction des vents, l'abon-
dance des pluies, etc.

Dissolutions sursaturées. — J'ai dit que nous sommes loin de
connaître toutes les substances solides ou gazeuses qui se trouvent en très-petite quantité dans l'air. La découverte d'une
réaction assez sensible pour reconnaître un corps en amène
quelquefois sa constatation dans l'air. C'est ainsi que les nouveaux procédés de l'analyse spectrale permettent de constater la
présence presque constante du sel marin dans l'air qui nous environne : c'est ainsi que les moyens très-délicats que nous avons
pour déceler la présence de l'iode ont conduit à reconnaître ce
corps dans l'eau pluviale et dans l'air. Les travaux tout récents
dont les dissolutions sursaturées ont été l'objet permettent

également de rattacher cette question à celle de la découverte
de quelques-uns des corps qui se rencontrent dans l'air.

Permettez-moi de vous exposer, de la façon la plus brève, en
quoi consistent les curieux phénomènes que présentent les dissolutions sursaturées.

On sait que la plupart des sels solubles se dissolvent en plus
grande quantité dans l'eau chaude que dans l'eau froide. Une
dissolution saline faite à chaud et abandonnée à un refroidisse-
ment lent abandonne une partie du sel à l'état cristallisé.

En déterminant les rapports en poids entre le sel et l'eau qui
existent dans la dissolution restée en contact avec les cristaux,
dissolution qu'on appelle *saturée*, on trouve que ces rapports
sont toujours les mêmes pour le même sel en dissolution saturée
à la même température. Ces rapports peuvent être représentés
par des tracés graphiques d'une construction très-simple. Ce
sont *les courbes de solubilité* des sels.

Or il arrive quelquefois qu'un sel se soustrait à la règle commune. Le sel qui devait se précipiter par suite de l'abaissement
de température de la dissolution reste dissous : la liqueur reste
limpide : elle ne fournit pas de cristaux. On dit alors que la dissolution est *sursaturée*.

Le sulfate de soude (sel de Glauber) se prête mieux que tout
autre sel à l'étude des conditions dans lesquelles la sursatura-
tion existe ou cesse d'exister. Gay-Lussac, Davy, Schweigger,
Lowel, Schroeder et, dans ces derniers temps, M. Gernez, ont fait
connaître ces conditions.

Pour produire une dissolution sursaturée de sulfate de soude,
il suffit de dissoudre à la température de l'ébullition 2 parties de
ce sel dans 1 partie d'eau. Si la dissolution est abritée du contact de l'air, elle reste limpide quand elle est froide ; *elle est sursaturée*. Dans une terrine ou dans un vase ouvert, elle laisse dé-
poser environ la moitié du sel sous forme de cristaux.

On peut l'abriter du contact de l'air de diverses manières : en
l'enfermant dans un matras de verre dont on chasse l'air par
l'ébullition du liquide et qu'on ferme hermétiquement pendant
cette ébullition au moyen du ramollissement et de la fusion du
col étiré ; en couvrant avec une petite capsule le vase contenant
la dissolution sursaturée, ou simplement en versant à sa surface
de l'huile ordinaire ou de l'essence de térébenthine. Lorsqu'on

vient à briser la pointe du matras à col effilé, ou bien lorsqu'on enlève la capsule de porcelaine qui recouvre le vase, ou bien encore quand on plonge un tube de verre dans le liquide recouvert d'huile, la cristallisation se produit instantanément, *presque toujours*, et la liqueur se transforme en une masse cristalline.

Les causes de ce phénomène ont beaucoup exercé la sagacité des chimistes : Gay-Lussac a montré que dans l'expérience des matras à col effilé la cristallisation est indépendante de la pression atmosphérique; Lowel ajouta aux faits précédemment connus cette observation curieuse que l'air qui a filtré au travers d'une couche épaisse de coton ne détermine pas, par son mouvement, la cristallisation, tandis que celle-ci est déterminée par le même air non filtré.

Dans un travail tout récent, M. Gernez a établi, par des expériences très-habilement faites, que la cristallisation d'une dissolution sursaturée est immédiatement déterminée par le contact d'un cristal de même nature que celle de la substance saline qui existe dans la dissolution. Il a vérifié ce fait sur une vingtaine de sels de nature diverse. Ainsi la cristallisation du sulfate de soude ne peut se produire que par l'intervention d'un cristal de sulfate de soude, si petite que soit sa dimension.

Or, comme la cristallisation du sulfate de soude se fait par le simple contact de l'air, M. Gernez a été conduit à admettre que cette substance se trouve disséminée dans l'air d'une façon normale; qu'elle est plus abondante, bien que toujours infiniment petite, dans les lieux habités qu'à la campagne, et qu'elle se trouve particulièrement accumulée dans les poussières de l'air. Il est probable aussi que les vents qui viennent de la mer ne sont pas sans influence sur la présence de ce sel dans l'air. Cette hypothèse admise, et elle s'appuie sur des expériences rigoureuses, il devient très-facile d'expliquer les diverses conditions qui déterminent la cristallisation des dissolutions sursaturées de sulfate de soude, conditions qui se rattachent, comme vous voyez, d'une façon bien inopinée à l'étude de l'air atmosphérique.

Si le temps me l'avait permis, j'aurais pu vous parler encore de quelques autres matières qui se rencontrent aussi dans l'air. Si petite d'ailleurs que soit la quantité de ces matières, elles méritent toute notre attention : car, en ce qui concerne ces phénomènes naturels, dont nous sommes trop enclins à diminuer l'importance en raison même de notre impuissance à les approfondir, il n'existe pas de petits faits. Déjà depuis moins d'un siècle, depuis la découverte de la composition de l'air par Lavoisier, des travaux considérables ont été faits sur ce sujet : mais le champ d'exploration est immense, comme l'air lui-même. Aussi nous pouvons dire :

> Mais ce champ ne se peut tellement moissonner
> Que les derniers venus n'y trouvent à glaner.

Permettez-moi d'ajouter, en terminant, qu'assurément ceux qui y ramasseront les derniers épis ne sont pas encore de ce monde.

Paris. — Imprimerie de P.-A. Bourdier et Cie, rue des Poitevins, 6.